Bibliografische Information der Deutschen Nationalbibliothek:

Die Deutsche Bibliothek verzeichnet diese Publikation in der Deutschen Nationalbibliografie; detaillierte bibliografische Daten sind im Internet über http://dnb.d-nb.de/ abrufbar.

Impressum:

Druck und Bindung: Books on Demand GmbH, Norderstedt Germany
ISBN: 9783638819732

Dieses Buch bei GRIN:

http://www.grin.com/de/e-book/21241/vom-sanften-tourismus-zur-nachhaltigen-tourismusentwicklung-ein-ueberblick

Martin Klöckner

Vom sanften Tourismus zur nachhaltigen Tourismusentwicklung - ein Überblick

GRIN Verlag

Universität Trier
Fachbereich VI – Geographie/Geowissenschaften
Angewandte Geographie/ Fremdenverkehrsgeographie
Proseminar
Wintersemester2002/2003

Vom sanften Tourismus zur nachhaltigen Tourismusentwicklung - ein Überblick -

Martin Klöckner

Inhaltsverzeichnis:

Seite:

Abbildungsverzeichnis:

1. Einleitung:

Tourismus ist wie Feuer: Man kann seine Suppe damit kochen, man kann aber auch sein Haus damit abbrennen. (chinesische Weisheit) (vgl. STUDIENKREIS 2002 o. S.) Der Inhalt dieser Weisheit wurde den Industriestaaten und deren Bevölkerungen zu Beginn der 80er Jahre allmählich bewusst. So entstand zur genannten Zeit der Bergriff des *sanften Tourismus,* auf dessen Entstehung, nach Versuch einer allgemeinen Definition, im weiteren Verlauf der Arbeit noch genauer eingegangen werden soll.

MOSE (1998 S.1) beschreibt die Idee des sanften Tourismus als „Schnittstelle von gesellschaftlicher Alltagspraxis und Notwendigkeit zur kritischen Reflexion" womit er den Gedanken eines *anderen Tourismus,* d.h. eine Neuorientierung des Reisens und nicht eine prinzipielle Abkehr vom Tourismus ausdrückt. Doch was beinhaltet der Gedanke eines *anderen Tourismus*? Dieser Begriff stellt eine Alternative zu bisherigen Formen des Fremdenverkehr dar. Beim Reisen soll demnach den ökologischen, ökonomischen sowie sozialen Auswirkungen der Urlaubsgestaltung mehr Aufmerksamkeit geschenkt werden.

Wie der Begriff des „sanften Tourismus" entstand, seine Entwicklung und der damit verbundene Wertewandel der Bevölkerung sollen im Folgenden thematisiert werden. Die Hausarbeit wird einen Überblick über die Dimensionen geben, die von einer sanften bis hin zu einer nachhaltigen Tourismusentwicklung betroffen sind. Es werden Probleme erläutert, Herausforderungen bearbeitet aber auch resultierende Chancen erwähnt.
Diese kurze Einleitung soll vorerst ausreichen, um im weiteren Verlauf der Arbeit genaueres über die Tourismusentwicklung erfahren zu können.

2. Sanfter Tourismus:

Als Ende der 70er Jahre „Hotelklötze in Ferienorten, Autoschlangen auf den Ferienrouten, ausgedehnte Siedlungen mit Wochenendhäuschen, Seilbahnen in unberührter Hochgebirgslandschaft, Umweltverschmutzung [und] Wassergefährdung" (vgl. ADAC 1988 in: SCHLOEMER 1999 S. 10) das Reisebild Mittel- bis Südeuropas prägten, brachte der Kritiker des Massentourismus JOST KRIPPENDORF (1975) den Begriff „Landschaftsfresser" in die beginnende Tourismusdiskussion ein. Nur wenige Jahre später nämlich 1980 setzte der Begriff „sanfter Tourismus" von ROBERT JUNGK einen Meilenstein in der Begriffswelt des Reisens. (vgl. SCHLOEMER 1988 S. 10)
Sanftes Reisen sollte als Gegensatz zum vorher überwiegend praktizierten „harten" Reisen verstanden werden. So sollte JUNGK´ s Kontrastliste über Unterschiede der beiden o. g.

Reiseformen aufklären, die bestehenden Probleme allgemein bewusst machen und zu einem Umdenken führen. (vgl. SCHLOEMER 1988 S.11)

Kontrastliste zum „harten" bzw. „sanften" Reisen:

„Hartes Reisen"	„Sanftes Reisen"
Massentourismus	Einzel-, Fam.- Freundesreisen
Wenig Zeit	Viel Zeit
Schnelle Verkehrsmittel	Angemessene (auch langsame)
Festes Programm	Spontane Entscheidungen
Außengelenkt	Innengelenkt
Importierter Lebensstil	Landesüblicher Lebensstil
„Sehenswürdigkeiten"	Erlebnisse
Bequem und passiv	Anstrengend und aktiv
Wenig oder keine geistige Vorbereitung	Vorhergehende Beschäftigung mit dem Reiseziel
Keine Fremdsprache	Sprachenlernen
Überlegenheitsgefühl	Lernfreude
Einkaufen („Shopping")	Geschenke mitbringen
Souvenirs	Erinnerungen, Aufzeichnungen, neue Erlebnisse
Knipsen und Ansichtskarten	Fotografieren, zeichnen, malen
Neugier	Takt
Laut	Leise

Abb. 1: Quelle: (In Anlehnung an JUNGK 1980 in:) SCHLOEMER 1988 S. 11

Besonders ein Umdenken, sowie implizite Verhaltensänderungen der Touristen waren unbedingt notwendig geworden. Die unkontrollierte Tourismusexpansion bis in die 80er Jahre, die sich z.B. in einer kontinuierlichen Steigerung der Reiseintensitätsrate von 1954-1994 von ca. 25 % auf 78 % erklärt, (vgl. BECKER 1996 S. 15) war nicht nur für eine ökologische Belastung im Alpenhochland oder sämtlicher Küstenstreifen im Mittelmeerraum verantwortlich, sondern ebenso für soziale Probleme. Auch die ökonomische Fremdbestimmung durch die großen mächtigen Veranstalter, bereitete nicht nur den oben genannten Ballungszentren weitreichende Schäden. Schluss mit ungehemmter Bauwut, Landschaftszerstörung/Zersiedlung und Verlust kultureller Identität der einheimischen Bevölkerung. Eine neue Tourismusideologie begann sich zu entwickeln. (vgl. SCHLOEMER 1999 S.12)

So ist auch zu erklären, dass im Alpenraum die ersten theoretischen Ansätze zum sanften Tourismus entstanden und sich von hier eine Ausdehnung in andere Länder ergab. (vgl. MOSE 1998 S.2) Zunächst überwiegte der theoretische Ansatz von

Problembewältigungen (überwiegend ökologischer Art), doch durch Umsetzung von Modellversuchen konnten Zweifel an der Praktikabilität der Ansätze teilweise ausgeräumt werden.
Die theoretischen Ansätze lassen sich in ein Modell fassen, das die oben angesprochenen folgenden Dimensionen anspricht:

1. ökologische Dimension
2. ökonomische Dimension
3. soziale Dimension

Schon bald gründeten sich Gruppen, wie die Arbeitsgemeinschaft „Tourismus mit Einsicht", die es sich zur Aufgabe gemacht haben, die Probleme des Massentourismus in diese Teilbereiche, welche durch das Reisen tangiert werden, einzuordnen. (vgl. MOSE 1998 S. 24)
Um sich ein Bild über die Vielfalt der Probleme zu schaffen, sollen im Folgenden Belastungen der verschiedenen Dimensionen genannt werden.

2.1 Ökologische Dimension:

Allseits bekannt sind die Folgen für Natur und Umwelt, die durch das Reisen entstehen. Da Tourismus/Fremdenverkehr, schon durch seine Definition bedingt, immer einen Transport von Personen d.h. Mobilität impliziert, stellt die größte Belastung für die Umwelt der Verkehr dar. 95 % des gesamten Energiebedarfs einer Urlaubsreise sollen nach MÜLLER (in: BECKER 1999 S.27) nur für Transporte zum und am Urlaubsort aufgewendet werden. An dieser Stelle seien insbesondere die Flugreisen genannt, die durch den enormen Kerosinverbrauch nicht nur endliche Ressourcen aufzehren, sondern ebenfalls durch CO_2-Ausstoß die Atmosphäre belasten. Als Beleg sollen folgende Daten LUBERICHS (in: BECKER 1999 S.29 ff) genannt werden: Obwohl nur ~ 10 % der längeren Urlaubsreisen in Zielgebiete außerhalb des europäischen Auslands gehen, werden auf diesen Strecken ~ 50 % des Gesamt-Energieverbrauchs gemessen, der bei diesen Reisen entsteht. 35 % der Reisen, die im Inland verbracht werden, beanspruchen hingegen nur 7 % der Energie, die insgesamt für touristische Transporte verbraucht wird. Auch wenn sich diese Daten auf das Jahr 1994 beziehen, waren die Sorgen , die zu Beginn der 80er kund getan wurden, durchaus berechtigt, insbesondere vor dem Hintergrund der Reiseintensitätsentwicklung zu dieser Zeit.

Aber nicht nur das Flugzeug, der PKW (zweitgrößter Energieverbraucher), Busse oder Bahn sind für das entstandene Umweltbewusstsein verantwortlich. Besonders die naturverdrängenden Hotelkomplexe in spanischen Mittelmeerorten, Wasser- und Strand-

Verunreinigungen in eben den gleichen Destinationen, genau wie überlastete Skiorte der Alpen zeigten die Grenzen des Massentourismus.

Ein besonderes Problem ergibt sich durch die Fremdbestimmung der Orte, von Seiten der Veranstalter. Diese sahen den ökonomischen Profit, den die Urlaubsgebiete bargen. Da keine Identifikation mit den genannten Destinationen statt findet, werden diese ökologisch, ökonomisch und sozial ausgeraubt und ihnen gleichzeitig ihre Überlebensgrundlage, der Tourismus, durch eben den Tourismus zerstört.

2.2 Ökonomische Dimension:

Besonders periphere ländliche Gebiete werden häufig durch ihre schöne Landschaft und das damit verbundene Naturerlebnis geprägt. Daher sehen diese Regionen auf Grund ihrer oft nur schlecht ausgebauten wirtschaftlichen, industriellen Infrastruktur große Potentiale im Tourismus. Doch gerade in einer solchen Situation liegen viele Risiken. So kann es schnell zu einer ganzen Kette von Konflikten führen, wenn ein zu großes Augenmerk auf den Tourismus geworfen wird und dieser sich zu einer Monokultur entwickelt. Der Verzicht auf Investitionen in anderen Industriezweigen zum Beispiel stellt Opportunitätskosten dar. Geld, das in den Tourismus investiert wird, steht anderen Bereichen nicht mehr zur Verfügung. Das impliziert eine Vernachlässigung der Industrie und verstärkt gleichzeitig die Abhängigkeit der Region vom Tourismus. Dieser wiederum ist von weiteren (meist unbeeinflussbaren) Faktoren abhängig. Die Saisonalität ist hier zu nennen. Nur zu wenigen Spitzenzeiten im Jahr kann die Region ein konjunkturelles Wachstum/Hoch verzeichnen. Hinzu kommt die sensible Reaktion der Touristen auf politische Instabilität im bereisten Land. Außerdem unterliegt das Feriengebiet den wechselnden Trends der Reisenden, worauf es nicht schnell genug oder im schlechtesten Fall gar nicht reagieren kann.

Darüber hinaus sollte gesagt sein, dass der Ausbau einer umfassenden Tourismusstruktur nicht unbedingt einen neuen Beschäftigungsgrad mit sich bringt, sondern lediglich eine Umverteilung der Beschäftigungsmöglichkeiten bewirkt.

Als letzte mögliche negative Auswirkung sei erwähnt, dass die Bodenpreise durch den Tourismus steigen, weshalb sich Einheimische oft kein Eigenheim mehr leisten können. Eine Zersiedlung der Gemeinde ist die Folge.

Diese Reihe der Risiken und Auswirkungen wäre noch fortzusetzen was hier jedoch vernachlässigt werden soll. (vgl. BECKER 1996 S. 37ff)

2.3 Soziale Dimension:

Ein markantes soziales Problem ergibt sich aus der Diskrepanz im Lebensstandard zwischen Touristen und der einheimischen Bevölkerung. Gerade jüngere Einheimische versuchen, den Lebensstil der Touristen zu imitieren, obwohl ihnen das auf Grund ihrer beschränkten finanziellen Mittel nicht möglich ist. Besonders groß ist dieses Problem in den ärmeren bereisten Ländern der 3. Welt. (vgl. BECKER 1996 S. 39ff) Dadurch entsteht ein Minderwertigkeitsgefühl auf Seiten der bereisten Bevölkerung, was eine psychische Belastung darstellt. Einheimische empfinden „sich und ihren Lebensraum als 'Konsumgut' der Fremden." (BECKER 1996 S. 40) Es entsteht ein „Gefühl der Fremdbestimmung und der Unterlegenheit" wie BECKER es beschreibt. Akkulturation bezeichnet man dieses Phänomen der Übernahme von Lebensgewohnheiten der Gäste. Auf diese Weise gerät die lokale Kultur in Gefahr, sodass allzu leicht Feste, Feiern und Gebräuche von auswärtigen Gästen dominiert werden. (vgl. BECKER S. 40). Auch diese Kette sozialer Probleme trägt dazu bei, die örtliche Gemeinschaft aufzulösen.

Die Aufzählung sozialer Probleme ist auch hier nicht vollständig, bietet jedoch einen kleinen Einblick in die Problempalette der sozialen Dimension des Reisens.

2.4 Fazit - Sanfter Tourismus

Im Hinblick auf die beschriebenen Dimensionen sollte der sanfte Tourismus zu Beginn der 80er Jahre als „wirtschaftliche Alternative für periphere, strukturschwache Räume" (BECKER 1996 S. 8) verstanden werden, die insbesondere eine eigenständige Regionalentwicklung fördern sollte. Auch wenn sich viele Veranstalter zunächst mit der ökologische Dimension beschäftigten, indem sie gewisse Mindestmaßnahmen ergriffen, wie die Verbannung von Plastikverpackungen in Hotels (vgl. SCHLOEMER 1999 S.18) oder etwa die Beschäftigung eines Umweltbeauftragten (siehe TUI) , zollte man den ökonomischen und gesellschaftlichen Interessen, gerade die Einheimischen betreffend, immer mehr Aufmerksamkeit. Es entwickelte sich eine Nischenpolitik im alternativen Segment des Fremdenverkehrs, die wirtschaftliche Belange nur am Rande berücksichtigen sollte, dafür aber ökologischen und soziale Interessen umso stärker in Betracht zog. Die Türen für eine Diversifizierung des touristischen Angebots waren geöffnet worden.

Doch standen die Überlegungen des sanften Tourismus noch am Anfang ihrer Entwicklung.

So bringt BECKER (1996 S. 9) abschließend an, dass es den Ansätzen der neuen Politik an zeitlichem Weitblick, einer Berücksichtigung räumlicher Verflechtungen sowie einer vernetzen Sicht der drei Dimensionen fehlte. In wie weit diese Aussage korrekt ist, werden wir an der weiteren Entwicklung des Begriffes verfolgen können.

3. Entwicklung vom sanften zum nachhaltigen Tourismus:

In den folgenden Jahren wurden nicht nur die Urlaubsangebote überwiegend kleiner bis mittelständiger Reiseveranstalter weiterentwickelt, sondern auch die Begriffe, die fortan für die neue Form des Reisens benutzt werden sollten. Wurde zu Beginn der 80er Jahre noch mit einem „sanften“ Tourismusangebot geworben, waren es wenige Jahre später Definitionen wie „umwelt- und sozialverträglicher Tourismus“ nach KRAMER, „intelligenter Tourismus“ wie der ARBEITSKREIS FREIZEIT & TOURISMUS in die Begriffswelt einfließen ließ oder „aufgeklärter Tourismus“ laut KRÜGER u. LODA. Viele Veranstalter schmückten ihre Produkte mit der Bezeichnung „Ökotourismus“, (vgl. MOSE 1998 S.25) auch wenn der Inhalt der Reise nicht immer dem eigentlichen Sinn nachkam. Denn viele Veranstalter sahen eine Nische darin, ihre oft nur wenig nach sanften Kriterien verbesserten (Pauschal-) Reiseangebote mit einem solchen Namen zu vermarkten. Ein umweltfreundlicher Eindruck sollte auf diese Weise bei den Kunden hinterlassen werden. Ein paradoxes Reiseangebot unterbreitete z.B. „NATOURS“ 1997: Der Veranstalter organisierte eine Autowanderung entlang der Deutschen Limesstraße, immerhin mit der Empfehlung, Fahrräder und Wanderstiefel mitzunehmen. (vgl. TOURISTIK MANAGEMENT 1997 in: SCHLOEMER 1999 S. 18) Ganz klar ist bei diesem Angebot der Sinn einer ökologisch ausgerichteten Reiseform verfehlt.

Schon bald begannen auch die „großen“ Veranstalter eine umweltfreundliche Unternehmensstrategie zu entwickeln. Als Beispiel ist sicherlich TUI zu nennen, die mit „der Benennung eines Umweltbeauftragten von sich reden machte“ (SCHLOEMER 1999 S. 18) Sie motivierten gleichzeitig ihre Vertragshotels zu einer umweltfreundlichen Betriebsführung, indem sie in ihren Katalogen eine ausführliche Beschreibung der Ökohotels vornahmen. DER („Deutsches Reisebüro“) führte in den 90ern einen Umweltgroschen ein, der für jede Fernreisebuchung an WWF abgeführt wird. „Eine Maßnahme, die dem Artenschutz und sicherlich auch der Imagepflege dient“ (vgl. UTE DALLMEIER 1997 in: SCHLOEMER 1999 S. 18f)

Man sollte das Engagement der Veranstalter nicht verkennen, doch ist eine kritische Betrachtung dessen, was potenziell noch möglich wäre, um eine Umwelt und sozialverträgliche Tourismuspolitik zu betreiben, unbedingt von Nöten. Viele verschiedene Begriffe, die bezogen auf das Urlaubsangebot mehr oder weniger synonym betrachtet werden konnten, wollten das gleiche Ziel verfolgen. Diversifizierte sich jedoch das Reiseangebot zunehmend, wodurch eine Kontrolle der Angebote auf dem Markt immer komplizierter wurde. Sowohl Qualität als auch Quantität der Reisen ließen sich fortan nur schwer vergleichen und bewertend kategorisieren. Daher ist es nicht verwunderlich, dass sich der Bergriff des sanften Reisen auch in Zukunft weiter ausbauen ließ, verbunden mit den verschiedensten Reiseangeboten und Reiseformen.

4. Nachhaltiger Tourismus:

Am Ende der 80er Jahre schließlich, kam aus den verschiedenen Wortschöpfungen der Begriff des „nachhaltigen Tourismus" hervor, der den Begriff des „sanften Tourismus" zunehmend zurückstellte. Einen großen Einfluss darauf hatte der BRUNDTLANDT-REPORT aus dem Jahre 1987, in dem steht:

"Sustainable development is the development that meets the needs of the present without compromising the ability of future generations to meet their own needs."

(WCED in: STEINECKE 1995 S. 12)

Der Bericht verlangt nach integrativer Gleichheit , sowohl zwischen Generationen als auch zwischen den Volkswirtschaften. Er fragt, wie die Öko-Effizienz langfristig zu steigern ist. (vgl. STEINICKE 1995 S. 14)

Aber auch die „Erklärung von Rio de Janeiro" (1992) und die „UN-Konferenz über Umwelt und Entwicklung" ebenfalls im Jahre 1992 trugen bedeutend zur Etablierung des Begriffs der Nachhaltigkeit bei. SCHLOEMER (1999 S. 14) ist der Meinung, dass besonders die AGENDA 21, die in Rio de Janeiro verabschiedet wurde, „neue Maßstäbe für eine zukünftig ökonomisch, ökologisch und sozial tragfähige Entwicklung" setzte. 182 Staaten beschlossen hier das Prinzip der Nachhaltigkeit des Wirtschaftens und der Politik auf globaler Ebene. Ein Leitbild der nachhaltigen Entwicklung, das als Zieldreieck umschrieben werden kann, zumal die drei gleichberechtigten Ziele Wirtschaftswachstum, Sozial- und Umweltverträglichkeit auf lange Dauer gewährleistet bleiben sollen. (vgl. SCHLOEMER 1999 S. 14)

Mit der Agenda21 wird der Tourismus laut BECKER (in SCHLOEMER 1999 S.14) erstmals in ein Gesamtkonzept gebracht. Die drei, zu Beginn der Hausarbeit beschriebenen Dimensionen sollen ab jetzt verflochten und zukunftsorientiert betrachtet werden, denn bei sinnvoller Umsetzung der intensiven Verflechtungen zeichnet sich der Tourismus durch hohe Multiplikatoreffekte aus .(vgl. SCHLOEMER 1999 S. 4) Daraus ergibt sich folgendes Schaubild, das die Ziele und Vorstellungen der drei Dimensionen nach dem Prinzip der Nachhaltigkeit demonstriert:

Kriterien für eine Nachhaltige Entwicklung:

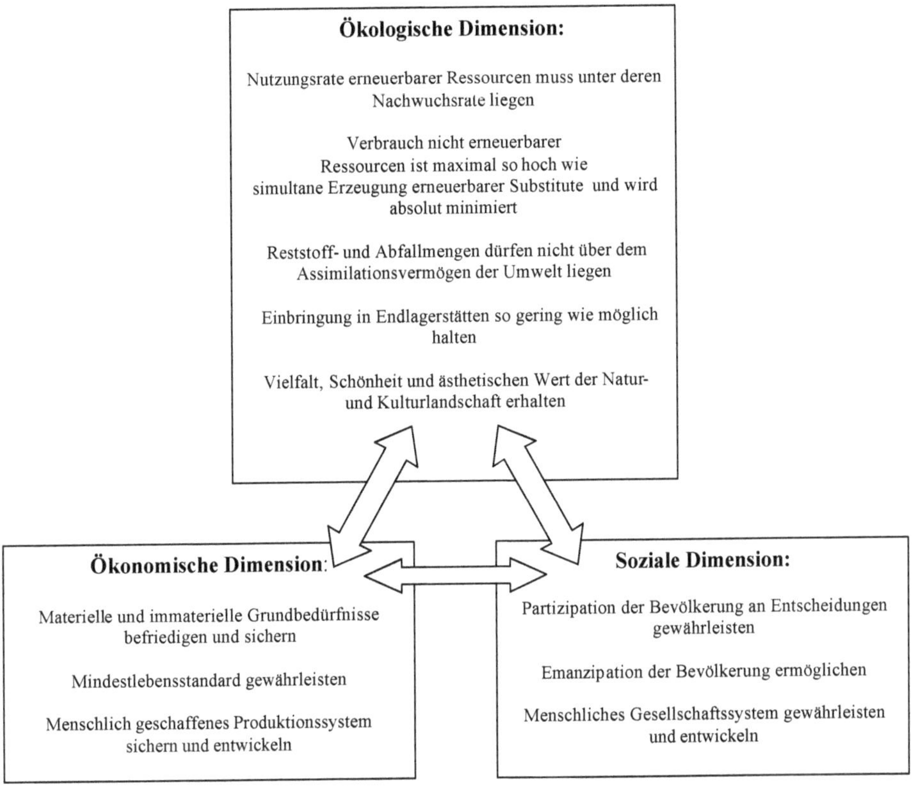

Abb. 2: Quelle: (in Anlehnung an Entwurf Witzel´s 1995 in:) BECKER 1996 S. 5

5. Think globally – act locally:

Durch die vernetzte Sicht der 3 Dimensionen ergeben sich ganz neue Chancen aber auch große Herausforderungen für die Beteiligten am Tourismus, eine neue Reiseform zu etablieren. Das Modell ist nach dem Prinzip *„Think globally, act locally"* zu verstehen. Ein Konzept, das nach SCHLOEMER (1999 S.28) ein Kreislauf-, Verantwortungs-, und Kooperationsprinzip vereint.

Globalprinzipien der nachhaltigen Entwicklung:

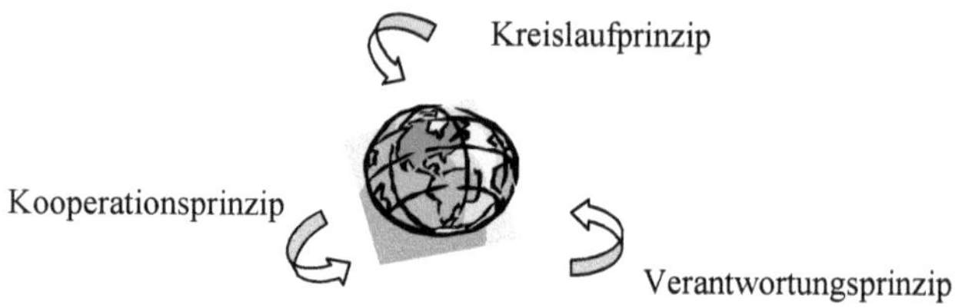

Abb. 3: In Anlehnung an SCHLOEMER 1999 S. 28

Zum einen spielt er auf eine dauerhafte ökologische Umwelt an, so wie auf einen geschlossenen Wirtschaftskreislauf. Zum anderen fordert er „neben der intergenerativen Gerechtigkeit auch die intragenerative Gerechtigkeit" (SCHLOEMER 1999 S. 29), was er im Verantwortungsprinzip verdeutlicht. Unter Koorperationsprinzip vereint er alle Beteiligten beim Vorgehen gegen Umweltprobleme. Er fordert globales Umdenken, das auf kommunaler Ebene nicht mit standardisierten, sondern vielmehr pragmatisch orientierten Modellen umgesetzt werden soll. (vgl. SCHLOEMER 1999 S. 32)

Auch MOSE (1998 S. 26) betrachtet in seinem Modell der Handlungsebenen des sanften Tourismus zwei Handlungsoptionen (MOSE spricht zwar von „sanftem Tourismus" doch sieht man den Zeitpunkt der Entstehung des Modells, nämlich 1998, so ist damit der inzwischen gängigere Begriff des nachhaltigen Tourismus synonym zu verwenden.)

Er beschreibt sanften Tourismus im „weiteren Sinne", so wie sanften Tourismus im „engeren Sinne".

Im *weiteren Sinne* soll sanfter Tourismus als „Korrektiv der Raumordungs- und Regionalpolitik konflikthafter Folgeerscheinungen der Fremdenverkehrsentwicklung" (MOSE 1998 S. 26) verstanden werden. Eben ein global korrigierender Ansatz, der auf die Reparatur bereits entstandener Schäden abzielt, vor allem auf die Hochburgen des Massentourismus, wie MOSE anbringt. Er appelliert an eine Verhaltensänderung aller Beteiligten, die gleichzeitig künftige negative Folgen auszuschließen vermögen.

Daneben steht Tourismus im *„engeren Sinne"*, dessen Ziel in einem lokalen Nischentourismus verstanden werden soll. Besonders ländlich geprägte Räume könnten versuchen sich ein „touristisches Standbein als Grundlage ihrer wirtschaftlichen Entwicklung zu verschaffen". (MOSE 1998 S.26) Auch wenn Entscheidungen ausschließlich regional getroffen werden sollen, ist von der Gefahr einer Monokulturisierung und Fremdbestimmung nicht abzusehen.

BECKER (1996 S. 147) fügt hinzu, dass gerade durch regionale Planung und Durchsetzung von Handlungsansätzen eine stärkere Identifikation mit dem Angebot bestünde, begründet u. a. dadurch, dass das Engagement der einheimischen Bevölkerung steige, an

Projekten mitzuwirken. Auf diese Weise würde eine regionale Selbstverantwortung gefördert, was gewährleistet, dass auch soziale und ökologische Belange Berücksichtigung finden. Abschließend wird ein Modell gezeigt, welches das Zusammenspiel der erklärten Handlungsebenen nach MOSE verdeutlicht.

Handlungsebenen des sanften Tourismus:

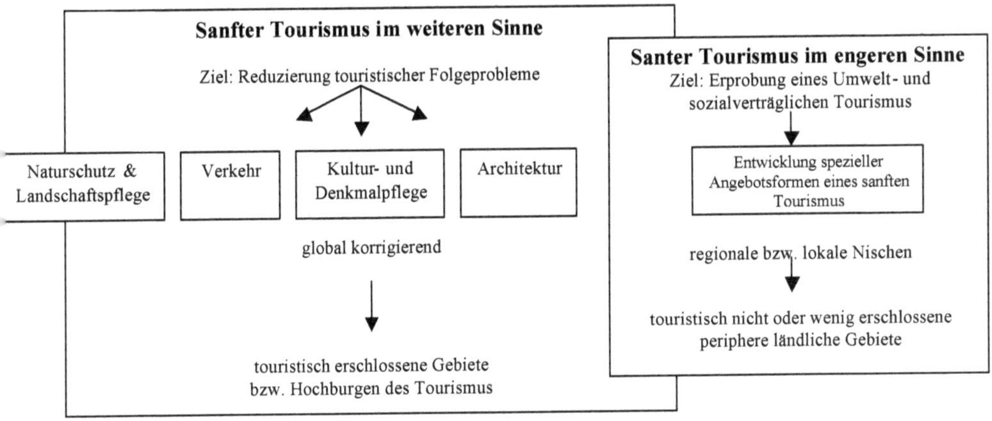

Abb. 4: Quelle: In Anlehungan MOSE 1998 S. 27

6. Verantwortungsträger des nachhaltigen Tourismus:

Doch wer sollte sich bei diesem global ansetzenden Modell angesprochen fühlen? Bei dieser Frage muss man zwischen Angebots- und Nachfrageseite differenzieren, unter Berücksichtigung, dass nur durch gemeinsames Agieren die theoretischen Ziele erreicht werden können.

Auf der Nachfrageseite sind die Reisenden angesprochen. Auf der Angebotsseite hingegen sind verschiedene Bereiche anzusprechen. Zum einen die Veranstalter, die schon mehrfach erwähnt wurden, zum anderen aber auch die Reisebüros. Genauso Hotels und Unterkunftsbetriebe sowie ganz bedeutend die betroffenen Gemeinden und Regionen selbst. (vgl. BECKER 1996 S. 92ff)

Um einen Überblick über die Möglichkeiten der verschiedenen Handlungsebenen zu erhalten, wollen wir die Bereiche differenziert betrachten.

6.1 Nachfrageseite

Der Reisende.

Der eigentliche Konsument der Reise trägt mit seinem Nachfrageverhalten bedeutend dazu bei, welche Reiseangebote auf dem Markt unterbreitet werden. Dazu ist es interessant, sich einmal die Entwicklung des Reiseverhaltens vor Augen zu führen, anhand dessen man gewissermaßen auf die Nachfrageentwicklung zurück schließen kann.

Die schon zu Beginn der Arbeit angesprochene Reiseintensitätsentwicklung ist schon mal ein grundsätzlicher Anhaltspunkt, der uns vermittelt, dass heutzutage mehr Menschen reisen als noch 30 Jahre zuvor. Nicht nur die langen Urlaubsreisen, mit mindestens 4 Übernachtungen haben zugenommen, sondern ebenfalls die Kurzreisen. 25% der Bevölkerung haben in den 70er Jahren zusätzlich zur Haupturlaubsreise einen Kurztrip unternommen, so waren es im Jahre 1990 bereits 40%. Insgesamt ist der Trend bis heute nicht rückläufig, im Gegenteil, die Kurzreiscintensität nimmt noch zu. Ein alarmierendes Zeichen ist diese Extremform des „harten“ Reisens. (vgl. BECKER 1996 S. 14ff)

BECKER macht vor allem die positive Einkommensentwicklung in breiten Schichten der Bevölkerung, so wie die Verminderung der Arbeitszeiten für die beschriebene Entwicklung verantwortlich. Durch die Ausbreitung des PKW ist Verbilligung des Reisens zu erklären. Dieses Phänomen könnte ein Grund für den starken und ungebrochenen wachsenden Trend der Kurzreisen sein. Denn es werden 75% aller Kurzreisen mit dem PKW unternommen, zumal diese auch zu ca. 83% ins Inland gehen. (Die Daten beziehen sich auf das Jahr 1994) Kürzere Strecken werden eben mit dem PKW bestritten, längere Distanzen hingegen zunehmend mit dem Flugzeug überwunden. (vgl. BECKER 1999 S. 33ff) Einen Beweis dafür liefert uns die Tatsache, dass der Flugverkehr 1994 33,6 % der Urlauber an ihr Reiseziel beförderte. An Ziele, die zu 65% ins Ausland gingen. Wenn man diese Werte mit Zahlen aus den 50ern vergleicht, in denen zu vernachlässigend kleine Zahlen von Menschen , wenn überhaupt, mit dem Flugzeug in Urlaub reisten, dann stellt man eine ökologisch erschreckende Entwicklung fest. (vgl. BECKER 1996 S. 16)

Im klarem Widerspruch zu dieser Entwicklung steht das Umweltbewusstsein der Bevölkerung. Visuelle, akustische und mentale Belastungen am Urlaubsort haben den Urlauber scheinbar sensibler gemacht. Demnach wollen nach eigener Aussage 2/3 der Urlauber wegen schlechter ökologischer Bedingungen am Urlaubsort davon abgehalten worden sein, eine bestimmte Reisedestination aufzusuchen. Eine Begründung für das gegensätzliche Verhalten liefert uns die Tatsache, dass jedoch nur 12% der Buchenden nach Infos zur gegenwärtigen Umweltsituation fragen. Wie schon anhand dieser Zahlen abzulesen ist, besteht eine große Diskrepanz in der Bevölkerung zwischen Denken und Handeln. Obwohl als weiteres Beispiel 31% der Reisenden glauben, durch ihr Freizeit- und

Urlaubsverhalten die Umwelt zu belasten, sehen sie sich scheinbar nicht veranlasst, ihr Reiseverhalten zu ändern, was auch die gegenwärtigen Trends belegen.

WÖHLER führte 1993 eine Studie zur Überprüfung der Akzeptanz sanfter Urlaubsangebote (im Vergleich mit dem Preisverhalten) durch. Er versuchte Ergebnisse über die ökologische Einstellung heraus zu finden und inwieweit die Menschen bereit sind, für ein umweltfreundliches Urlaubsangebot mehr Geld auszugeben. Diese Bereitschaft wollten 75% der Reisenden aufbringen. Doch im Vergleich mit den untersuchten Unterkunftsmerkmalen, die als Indikator für das tatsächliche Reiseverhalten galten, kam heraus, dass nur etwa 1/5 der Urlauber ihrer vorhergesagten Bereitschaft zum umweltbewussten Reisen nachgekommen sind. (vgl. MOSE 1998 S. 85ff)

WÖHLER teilte die umweltbewussten Urlauber in 3 Zielgruppen ein:

- Die Einsichtigen, die einen Anteil von 21,4 % erlangen. Sie sind als äußerst umweltbewusst zu klassieren, wobei durch ihr hohes Preisbewusstsein den Zugeständnissen an Umweltverträglichkeit enge Grenzen gesetzt sind.
- Den größten Anteil stellen die Trittbrettfahrer dar mit 55,7 %. Sie zeichnen sich durch eine hohe Erwartungshaltung an eine intakte Umwelt aus, wollen aber auf Qualitätsstandards nicht verzichten und somit keinen eigenen Anteil am Umweltschutz leisten.
- 22,9 % erreicht die Gruppe der Beitragsleistenden. Sie bevorzugen eine umweltverträgliche Unterkunft. Ein höherer Preis wird dafür gerne in Kauf genommen. Nur diese Gruppe steht in Einklang mit ihren verbal geäußerten Einstellungen.

Zielgruppe der umweltbewussten Urlauber:

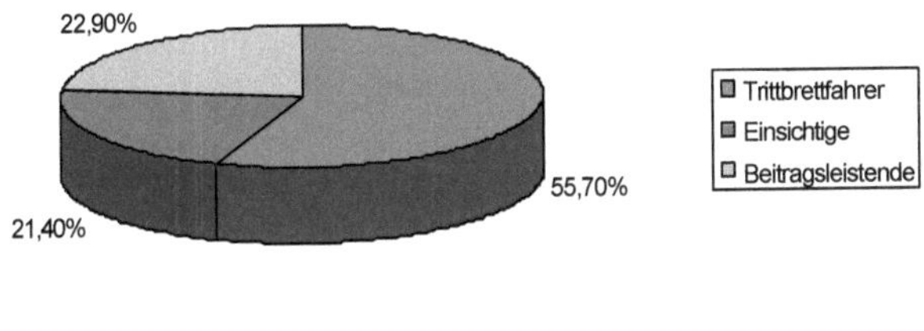

Abb.5: Quelle: (in Anlehnung WÖHLER 1993 in:) MOSE 1998 S. 87

Wir befinden uns in einer Zeit, in der hauptsächlich die Nachfrage das Angebot bestimmt. Daher unterliegt dem Nachfrageverhalten eine große Verantwortung über die Entwicklung der

Tourismuspolitik. Wie an WÖHLERS Einteilung zu erkennen ist, scheint sich eine Aufteilung der Reisenden zu vollziehen. Auf der einen Seite diejenigen, die schon jetzt (zumindest Ansatzweise) nachhaltiges Verhalten praktizieren, auf der anderen Seite solche, die noch nicht bereit sind, durch eigenes Handeln am Umweltschutz teilzuhaben.

Zusammenfassend kann über die Nachfrageseite gesagt werden, dass erste Wertewandlungen bereits vollzogen wurden. Die Wahrnehmung für Umweltprobleme ist in den letzten 40 Jahren stark gestiegen. Im Widerspruch dazu steht aber immer noch das allzu oft praktizierte „harte“ Reisen, woran die fehlende Bereitschaft zu persönlichen Opfern abzulesen ist. (vgl. KIRSTGES 2001 S. 23)

6.2 Angebotsseite:

6.2.1 Reiseveranstalter:

Wie schon mehrfach angesprochen liegt es unter anderem in der Hand der Reiseveranstalter ein nachhaltiges Reiseangebot zu offerieren. Die Reiseveranstalter haben durch ihre Marketingstrategien einen erheblichen Einfluss auf Trendgestaltungen, auch wenn, wie oben angesprochen, die Nachfrageseite ebenfalls das Marktangebot bestimmt. Als vor etwa 20 Jahren das Thema einer nachhaltigeren Urlaubsgestaltung allmählich in die Diskussion kam, begannen einige Veranstalter, ihre Angebote gemäß dem neuen Ideal der Ökologie und Nachhaltigkeit auszurichten. Inwieweit dies gelang, haben wir bereits weiter oben erfahren. Doch viele Veranstalter fanden schnell heraus, dass eine „proaktive Strategie notwendig ist, um auf Dauer im Tourismusgeschäft erfolgreich zu sein“.(SCHLOEMER 1999 S. 18) Die nachfolgende Entwicklung ist aufzusplittern:

Auf der einen Seite befinden sich die größeren Anbieter. Sie versprachen zu Beginn der Diskussion eine besonders ökologisch ausgerichtete Betriebsführung und Angebotsgestaltung. (siehe oben: TUI) Doch wurden viele umweltschonende Maßnahmen aufgrund wirtschaftlicher Zwänge zunächst zurückgestellt. Ein Beispiel dafür sind die Öko-Checklisten von Hotels, die TUI für jedes seiner Vertragshotels erstellen wollte. Aber auch die NUR-TOURISTIK gibt zu, dass ökologische Interessen in den letzten Jahren wieder an Bedeutung verloren haben. (vgl. SCHLOEMER 1999 S.19) Eine traurige Bilanz, dass wirtschaftliche Zwänge die ökologischen Notwendigkeiten in den Hintergrund stellen. KIRSTGES (2001 S. 25) ist aber der Meinung, dass gerade durch die Qualitätsführerschaft und bestehende Markennamen der großen Veranstalter ein höheres Preisniveau für Reisen durchgesetzt werden könnte, um das Angebot eines nachhaltigen Tourismus im Sinne der 3 Dimensionen auszubauen.

Ein solches Preisniveau dauerhaft zu etablieren ist nämlich den kleinen Veranstaltern nicht möglich, womit wir die zweite Seite der Aufsplitterung ansprechen. Viele kleine Veranstalter haben ein nachhaltiges Tourismusangebot als Nische gefunden. Das Angebot charakterisiert sich durch ganz spezielle, individuelle Reiseformen, wie z.B. Rad- oder Treckingreisen. Die Unternehmen werden somit den spezifischen Anforderungen ganz bestimmter Nischen-Zielgruppen gerecht und können sich somit dem Konkurrenzdruck auf dem „großen Tourismusmarkt" entziehen. Denn ihre Kundschaft besteht aus den oben erwähnten „Beitragsleistenden", die gewillt sind, für ein nachhaltiges Reiseangebot einen höheren Preis zu bezahlen. Inzwischen haben verschiedene Anbieter nachhaltiger Tourismusangebote eine Gruppierung namens „forum anders reisen" gebildet. Gemeinsam werben sie mit einer besonderen Qualität ihrer Reisen durch einen intensiven Erlebnis- und Erholungswert, Umweltverträglichkeit sowie Verantwortung gegenüber den Menschen im Urlaubsgebiet. (vgl. KIRSTGES 2001 S. 56) Durch ihren Zusammenschluss wollen die meist inhabergeführten Unternehmen ihre Marktposition verbessern und somit die nachhaltige Tourismusform durchsetzten, während sie gleichzeitig eine gegenseitige Konkurrenz auszuschließen versuchen.

Es ist also auf der Anbieterseite zwischen solchen kleinen bis mittelständischen Unternehmen zu unterscheiden, die häufig nachhaltige Reisangebote unterbreiten und solchen Marktbestimmenden Veranstaltern die besonders preisorientierte harte Reisen anbieten. Eine Chance der gesamten Veranstalterseite währe laut BECKER (1999 S. 97) eine Politik der kleinen Schritte, bei der nicht ganz neue Reiseangebote geschaffen, sondern die Vorhandenen unter nachhaltigen Gesichtspunkten optimiert werden.

6.2.2 Reisebüros:

Die Vermittler von Reisen können ihren Teil zur nachhaltigen Tourismusentwicklung beitragen, indem sie besonders nachhaltige Urlaubsformen offerieren. Dafür müsste aber auch das Personal besonders ausgebildet sein, und z.B. über die Umweltsituationen und sozialen Gegebenheiten in den Reisegebieten besser Bescheid wissen. (vgl. BECKER 1998 S. 98f) Auch KIRSTGES (2001 S. 31) ist der Meinung, die Aufklärung der Reisenden stelle eine Möglichkeit der Beeinflussung des Reiseverhaltens dar. Zum Beispiel eine bedachte Ausgabe von Reisekatalogen so wie ökologische Büroführung ließen das Ziel der Reisebüros glaubwürdiger erscheinen und wirksamer machen. Wenn der Einfluss auch klein ist, den die Reisemittler auf die Reiseentwicklung haben, so ist ihre Beteiligung angesichts des globalen Ansatzes der nachhaltigen Entwicklung, der in sämtlichen Teilbereichen greifen soll, nicht zu vernachlässigen.

6.2.3 Beherbergungsbetriebe:

In den letzten Jahren haben sich bestimmte mindest Öko-Standards durchgesetzt, die von der Kundschaft erwartet werden, wie Hinweise auf reduzierten Handtuchwechsel oder Spartasten der Toilettenspülung. Zusätzlich zu diesen Einsparungen wurden inzwischen weitere umweltfreundliche Maßnahmen vom DEHOGA zusammen gestellt, die eine umweltfreundlichere Betriebsführung gewährleisten mögen. Der Katalog umfasst die Bereiche des (Ab-)Wassers, Müllvermeidung/Trennung , Energie, als auch andere allgemeine Appelle. Aber auch andere Organisationen stellen solche Kataloge zur Orientierung für die Hotels auf, und Hotelketten werben heute mit einem eigenen Ökomanagement. Unschwer ist zu erkennen, dass die ökologische Seite betreffend, Maßnahmen bereits getroffen werden.

BECKER (1996 S. 95) bemängelt jedoch eine fehlende Konzeption, die hinter den Einzelaktionen steht und einen klaren Ziel-Mittel-Bezug herstellt. Dem ist beizufügen, dass alleine eine ökologische Ausrichtung der Hotelführung nicht den Forderungen eines nachhaltigen Tourismus nachkommen kann. Es spielen auch weitere Kriterien des ökonomischen und sozialen Bereichs eine wichtige Rolle. Schon vor dem Bau des Hotels ein geeigneter Standort zu wählen, der das Einfügen ins Orts- und Landschaftsbild gewährleistet. Dadurch wird einer Zersiedlung und dem Verlust der regionalen Architektur entgegengewirkt.

Der Einkauf regionaler Produkte, sowohl beim Bau als auch bei der späteren Hotelführung, fördern die innerregionalen Lieferbeziehungen und somit die Wirtschaft der Region (siehe Kreislaufprinzip SCHLOEMER) (vgl. BECKER 1996 S. 93ff)
Abschließend ist also festzustellen, dass für die Beherbergungsbetriebe vor allem vor Ort („act locally“) Möglichkeiten einer nachhaltigen Tourismusförderung bestehen.

6.2.4 Gemeinden/Kommunen:

Die Fremdenverkehrsgemeinden nehmen selbstverständlich eine zentrale Rolle ein, wenn es um die Verantwortung für eine nachhaltige Politik geht. Denn sie sind die Bereisten, die das landschaftliche, kulturelle Gut für eine Tourismusentwicklung stellen. Umso wichtiger ist es, dieses Gut möglichst effizient und nachhaltig zu nutzen. Dies ist nur möglich, wenn versucht wird, allen negativen Folgeerscheinungen des Tourismus entgegenzuwirken. Dies beginnt schon bei der Erbauung der Unterkünfte, die im eigenen Interesse, im landestypischen Stil errichtet werden sollten, wie oben besprochen. Durch entsprechende Bauvorschriften der Gemeinde können Fehlentwicklungen vermieden und Zersiedlungen evtl. vorgebeugt werden. Dies ist sowohl aus sozialer Sicht, als auch aus regionalökonomischen Gesichtspunkten notwendig. (vgl. BECKER 1996 S.92)

Des Weiteren ist es wichtig, dass der einheimischen Bevölkerung nicht das Gefühl vermittelt wird, lediglich als Dienstleister den Touristen zur Verfügung stehen zu müssen. Daher kann die Bevölkerung in entwicklungspolitischen Entscheidungen einbezogen werden, was ihre Identifikation mit Ort und angebotenem Produkt ermöglicht. Somit wirkt man automatisch einer Fremdbestimmung entgegen. Die Bevölkerung kann ihre Kultur wahren und den Touristen freundlicher gegenüber treten. Die Qualität des Angebots bleibt gewährleistet und garantiert eine nachhaltige Entwicklung vor Ort.

Man sieht, dass die Gemeinden besonders in sozialer und ökonomischer Weise Einfluss nehmen können. Doch natürlich stehen auch ökologische Maßnahmen offen, die getroffen werden können. Es Besteht die Möglichkeit, besonders umweltorientierte Freizeiteinrichtungen zu subventionieren oder attraktive Freizeitangebote zu fördern. Um den naturräumlichen Charakter der Gemeinde nicht zu schädigen, sollte von Motorsportveranstaltungen und sonstigen umweltschädlichen Einrichtungen Abstand genommen werden. (vgl. BECKER 1996 S. 92f)

Den Gemeinden steht also eine ganze Palette von Maßnahmen zur Verfügung. Doch nur durch das Zusammenwirken aller Ebenen wird eine nachhaltige Entwicklung erreicht. Dabei sei noch gesagt, dass die erwähnten Gruppen sicherlich die Wichtigsten sind, doch auch Bundespolitik und andere Organisation tragen ihren Teil zu einer verflochtenen nachhaltigen Tourismusentwicklung bei.

7. Tendenzen und Prognosen:

Wir haben in den letzten Abschnitten, die momentanen Tendenzen der Reiseentwicklung vernommen. Auf der einen Seite, die preisorientierten Anbieter und Konsumenten, auf der anderen Seite die nachhaltig Reisenden, sowie die entsprechenden Angebotsträger. Wir haben auch erfahren, dass sich in den letzten 20 Jahren das Umweltbewusstsein in breiten Teilen der Bevölkerung erhöht hat, jedoch nicht alle Beteiligten entsprechend ihrer Einstellung handeln. Laut KIRSTGES (2001 S. 21) kann man die Veränderung der Werte als Indikator möglicher Verhaltensänderungen deuten. Dieses ausgeprägte Umweltbewusstsein sei unbedingt erforderlich, um „Urlauber dafür zu gewinnen, die mit einem aussichtsreichen Umweltschutz verbundenen Opfer zu Lasten anderer Bedürfnisse zu akzeptieren". (KIRSTGES 2001 S.22)

Doch liegen die Tendenzen nicht nur in einem umweltorientierten Tourismus. Die zunehmende Individualisierung in sämtlichen Lebensbereichen macht sich ebenso im Tourismus bemerkbar. Es steht vor allem die Befriedigung der eigenen Bedürfnisse im Vordergrund, die zunehmend durch Abkehr traditioneller Angebotsstrukturen erreicht werden. KIRSTGES spricht dabei von Emanzipation des Touristen, der sich von den Klischees der Reiseindustrie zu befreien versucht. (vgl. MOSE 1998 S.79)

Eine weitere Tendenz kann in der Erlebnisorientierung festgestellt werden. Während früher Freizeit primär als Gegenwelt zum Arbeitsleben gesehen wurde, wird sie heute viel mehr als eigenständiger Lebensbereich erfasst. MOSE (1998 S. 80) weist darauf hin, dass Erlebnisse stets als subjektive Größe zu verstehen sind. Auf Grund dessen erklärt sich, dass heutzutage ganze Urlaubsmotivbündel die Reiseentscheidung beeinflussen. KIRSTGES 2001 S. 20) spricht bei dieser multifunktionalen Urlaubsweise von den Komponenten:

- Sonne, Ruhe, Natur
- Kontakt, Kontrast, Komfort
- Spaß, Freiheit, Aktivität

Durch diese Trendentwicklung ergibt sich gleichzeitig auch eine Fülle absolut unterschiedlicher Angebotsformen. Diese wiederum hat in den vergangenen Jahren dazu geführt, dass eine qualitative und quantitative Erfassung des Urlaubsangebots nicht mehr zu vermitteln ist. Jedoch kann man, wie zu Beginn des Absatzes erwähnt, eine inter-personelle Polarisierung feststellen. Sie drückt die Neigung zu verschiedenen, individuellen, Urlaubsformen innerhalb der Bevölkerung aus. Dabei sei eine scharfe Trennung der Urlaubsformen auszuschließen, da vielmehr partielle Überschneidungen mehrerer Angebotsbereiche das Reiseverhalten charakterisieren. (vgl. MOSE 1998 S.91)

8. Fazit:

Der Grundstein für eine nachhaltige Entwicklung ist gelegt. Das Konzept der Nachhaltigkeit ist verfasst und soll

- die Bedürfnisse und Wünsche der lokalen Gastgebergemeinden berücksichtigen und deren Lebensstandard und –qualität verbessern
- die Bedürfnisse der Touristen und der Tourismuswirtschaft befriedigen und diese weiterhin anziehen, um das erste Ziel zu erreichen,
- und die Umweltressourcen schützen, welche die Basis für den Tourismus bilden (natürliche, künstliche und kulturelle Ressourcen),um die erste beiden Ziele zu erreichen. (KIRSTGES 2001 S. 177)

Dazu ist es wichtig, dass zur Realisierung des globalen Ansatzes, die Idee auf eine praktische Handlungsebene transferiert wird. Denn hier können wir sehen, inwieweit bereits Konzepte umgesetzt wurden, welche Probleme noch bestehen, aber auch welche Chancen wir in Zukunft haben.

Reflektieren wir einmal die gelesene Hausarbeit, so können wir verschiedene Verhaltensmuster der Reisenden konstatieren. Wir haben von Tendenzen des Reiseverhalten erfahren, die der Nachhaltigkeit im Tourismus zuwiderlaufen, aber auch von Reiseformen die dem nachhaltigen Leitbild entsprechen. Einerseits gibt es einen Trend zu immer häufigeren, kürzeren, vielfältigeren und weiter entfernten Reisen, die besonders bei der preisorientierten Kundschaft beliebt sind. Andererseits gibt es bereits Urlauber, die in Kauf nehmen, entweder auf Komfort zu verzichten, oder sogar einen höheren Preis für ihr Produkt zu zahlen, sofern es dem Prinzip der Nachhaltigkeit entsprechend organisiert ist.

Doch leider sind noch zu viele Menschen nicht bereit, sich entsprechend ihrer Einstellung zum Umweltschutz zu verhalten. Die Diskrepanz zwischen Denken und Handeln ist noch viel zu groß. Positive Tendenzen im Hinblick auf einen aktiven Wertewandel, die wir laut KIRSTGES als schwache Signale für Reiseverhaltensänderungen deuten dürfen, können wir zwar bereits vermerken, auch wenn diese nicht einmal annähernd ausreichen, um von einem aktiven Wertewandel sprechen zu können.

Daher ist es um so wichtiger eine Realisierung des Konzepts auf drei Ebenen anzustreben:

- Entwicklungskonzepte für Orte und Gebiete müssen in kleinen Schritten durchgeführt werden und gleichzeitig aufeinander abgestimmt sein.
- In den verschiedensten Bereichen sollten Modellprojekte als praktisches Beispiel der Realisierbarkeit dienen.
- Den Urlaubern sollte permanent die Auswirkung des Reisens verdeutlicht werden. (vgl. BECKER 1996 S. 161)

Hier greift meiner Meinung nach der Gedanke eines anderen Tourismus, der nicht eine Abkehr vom Tourismus, sondern eine Neuorientierung beinhaltet. Reisen soll nicht grundsätzlich in Frage gestellt werden, sondern sollte man die positiven Potentiale und Leistungen des Fremdenverkehrs erörtern. Denn nur so können auch die wirtschaftlichen Vorteile des Tourismus (die gleichgewichtig anzusehen sind mit den ökologischen und sozialen Dimensionen) von den Gemeinden genutzt werden.

Ein großer Appell gilt auch [besonders] den [großen] Reiseveranstaltern. An ihnen liegt es, sanfte Tourismusangebote auf den Markt zu bringen, in den bereisten Orten mit der Bevölkerung zu kooperieren, statt ihre Ressourcen schamlos zu verbrauchen, sowie ein allgemeines Umdenken nicht nur zu fördern, sondern auch zu praktizieren. Insbesondere für die marktführenden Unternehmen sehe ich eine Chance durch intensive Marketingmaßnahmen nach sanften Gesichtspunkten überarbeitete Reiseprodukte, auf dem Markt zu etablieren.

Doch trotz aller Zuversichtlichkeiten sollte man sich bewusst sein, dass auch in Zukunft harter Massentourismus nicht komplett weg zu denken ist. Wäre doch eine nachhaltige Tourismusgestaltung für die breite Masse an sich paradox.

Die Herausforderung und Chance, eine hohe Reisequalität auch in Zukunft zu erhalten (bzw. wieder zurück zu gewinnen), ohne nachfolgenden Generationen die gleichen Chancen zu nehmen, liegt demnach in einem konsequenten Agieren aller Beteiligten des Systems, ganz nach dem Motto:

...vom Denken zum Handeln!

Literatur:

BECKER Ch. / JOB H. /WITZEL A.:	Tourismus und nachhaltige Entwicklung. Grundlagen und praktische Ansätze für den mitteleuropäischen Raum. Darmstadt, 1996 1.Auflage, Sankt Augustin, 1999
BECKER Ch. [Hrsg.]:	Forschungsergebnisse zur nachhaltigen Tourismusentwicklung Trier, 1999
KIRSTGES T. / LÜCK M.:	Umweltverträglicher Tourismus. Fallstudien zur Entwicklung und Umsetzung Sanfter Tourismuskonzepte. 1.Auflage, Meßkirch, 2001
MOSE I.:	Sanfter Tourismus Bremen, 1998
SCHLOEMER A.:	Nachhaltiger Tourismus? Ein Beitrag zur Evaluation aktueller Konzeptionen für ländliche Regionen Mitteleuropas.
STEINECKE A.[Hrsg.]:	Tourismus und nachhaltige Entwicklung. Strategien und Lösungsansätze (aus ETI) Trier, 1995
STUDIENKREIS FÜR TOURISMUS UND ENTWICKLNUG e.V.:	http://www.studienkreis.org/index_de.html (28.12.2002)